BEI GRIN MACHT SICH IHR WISSEN BEZAHLT

- Wir veröffentlichen Ihre Hausarbeit, Bachelor- und Masterarbeit

- Ihr eigenes eBook und Buch - weltweit in allen wichtigen Shops

- Verdienen Sie an jedem Verkauf

Jetzt bei www.GRIN.com hochladen und kostenlos publizieren

Ernst Probst

Skunk Ape. Der Affenmensch aus Florida

Mit Zeichnungen von Shuhei Tamura

GRIN Verlag

Impressum:

Copyright © 2013 GRIN Verlag GmbH
Druck und Bindung: Books on Demand GmbH, Norderstedt Germany
ISBN: 978-3-656-43539-6

Foto auf der vorherigen Seite:

„Skunk Ape" („Stinktier-Affe"),
auch „Myakka Skunk Ape" genannt,
aus Florida (USA)

Ernst Probst

Skunk Ape

Der Affenmensch
in Florida

Meinen Enkelkindern
Max, Paula und Jana gewidmet

Belgischer Zoologe Bernard Heuvelmans (1916–2001),
Zeichnung von Talitha Wittich

Viele Tierarten sind noch unentdeckt

Zwischen 1,50 und drei Meter groß sowie maximal 600 Kilogramm schwer soll ein rätselhafter „Stinktier-Affe" sein, der angeblich vor allem in der Sumpflandschaft der Everglades in Südflorida lebt. Mit diesem stark stinkenden Geschöpf befasst sich das Taschenbuch „Skunk Ape. Der Affenmensch in Florida" des Wiesbadener Wissenschaftsautors Ernst Probst.

Probst ist weder Kryptozoologe, noch glaubt er an die Existenz von Affenmenschen, die überlebende prähistorische Menschenaffen, Frühmenschen oder Urmenschen wären. Aber er kann nicht ausschließen, dass in abgelegenen Gegenden der Erde noch bisher unbekannte Affen oder Menschenaffen ein verborgenes Dasein führen. Denn von 1900 bis heute sind erstaunlich viele große Tiere erstmals entdeckt und wissenschaftlich beschrieben worden. Darunter befinden sich auch Primaten wie der Berggorilla (1902), der Kaiserschnurrbarttamarin (1907), der Bonobo (1929), der Goldene Bambuslemur (1986), der Goldkronen-Sifaka oder Tattersall-Sifaka (1988), das Schwarzkopflöwenäffchen (1990) und der Burmesische Stumpfnasenaffe (2010).

Das Taschenbuch „Skunk Ape. Der Affenmensch in Florida" enthält eigens hierfür angefertigte Zeichnungen des japanischen Künstlers Shuhei Tamura. Dieser hat dankenswerterweise oft prähistorische Raubkatzen für Werke des deutschen Autors Ernst Probst gezeichnet.

Erstmals 1902 wissenschaftlich beschrieben:
der Berggorilla (Gorilla beringei beringei)

Nach Ansicht von Kryptozoologen, die weltweit nach verborgenen Tierarten (Kryptiden) suchen, leben auf der Erde noch zahlreiche unbekannte Spezies, die ihrer Entdeckung harren. Bisher sind auf unserem „blauen Planeten" etwa 1,5 Millionen Tierarten bekannt. Manche Wissenschaftler vermuten, dass mehr als 15 Millionen Tierarten noch unentdeckt bzw. unbeschrieben sind.

Der verhältnismäßig junge Forschungszweig der Kryptozoologie wurde von dem belgischen Zoologen Bernard Heuvelmans (1916–2001) um 1950 benannt und gegründet. Er sammelte Tausende von Berichten, Legenden, Sagen, Geschichten und Indizien verborgener Tiere und prägte durch seine Fleißarbeit die Kryptozoologie nachhaltig.

Als Zweige der Kryptozoologie gelten die Dracontologie, die sich mit den Wasserkryptiden befasst, die Hominologie, die sich mit Affenmenschen beschäftigt, und die Mythologische Kryptozoologie, welche die Entstehungsgeschichte von Fabelwesen erforscht. Der Begriff Hominologie wurde 1973 durch den russischen Wissenschaftler Dmitri Bayanov eingeführt. In der Folgezeit haben Kryptozoologen verschiedene Untergliederungen der Hominologie vorgeschlagen.

Die Kryptozoologie bewegt sich teilweise zwischen seriöser Wissenschaft und Phantastik. Kryptozoologen wollen nicht glauben, dass unser Planet schon sämtliche zoologischen Ge-Geheimnisse preisgegeben hat, obwohl Satelliten regelmäßig die ganze Erdoberfläche überwachen. Nach ihrer Ansicht bleibt das, was unter dem Kronendach tropischer Regenwälder oder in den Tiefen der Ozeane existiert, selbst modernster Spionage-Technik verborgen.

Kryptozoologen zufolge gibt es auf der Erde noch erstaunlich viele bisher unbekannte Tierarten zu entdecken. Auf allen fünf Erdteilen – so glauben sie – leben beispielsweise große

Erstmals 1907 wissenschaftlich beschrieben:
der Kaiserschnurrbarttamarin (Saguinus imperator)

Erstmals 1929 wissenschaftlich beschrieben:
der Bonobo (Pan paniscus)

Erstmals 1986 wissenschaftlich beschrieben:
der Goldene Bambuslemur (Hapalemur aureus)

Erstmals 1988 wissenschaftlich beschrieben:
der Goldkronen-Sifaka (Propithecus tattersalli)

Erstmals 1990 wissenschaftlich beschrieben:
das Schwarzkopflöwenäffchen (Leontopithecus caissara)

14

Affenmenschen. Die bekanntesten von ihnen sind „Yeti" im Himalaja, „Bigfoot" in Nordamerika, „Orang Pendek" auf Sumatra und „Alma" in der Mongolei. Als Affenmenschen gelten auch „Chuchunaa" in Ostsibirien, „Nguoi Rung" in Vietnam, „De-Loys-Affe" in Südamerika, der „Stinktier-Affe" aus Florida, „Yeren" in China und „Yowie" in Australien. Affenmenschen heißen – laut „Wikipedia" – „affenähnliche", das heißt nicht mit allen Merkmalen der Art Homo sapiens ausgestattete Vertreter der „Echten Menschen" (Hominiden). Sie gehören zu den bekanntesten Landkryptiden.

Schneemensch „Yeti“,
Zeichnung von Philippe Semeria bei „Wikipedia“

*Nordamerikanischer Affenmensch „Bigfoot“,
Zeichnung von User „Lizard King“ bei „Wikipedia“*

Affenmensch
„Alma"
in der Mongolei,
Zeichnung von
Shuhei Tamura

Sibirischer Affenmensch „Chuchunaa", Zeichnung von Shuhei Tamura

„De-Loys-Affe" (Ameranthropus loysi)
aus Südamerika

20

Affenmensch „Orang Pendek" auf Sumatra,
Zeichnung von Shuhei Tamura

*Sumpflandschaft der Everglades
in Südflorida (USA)*

Skunk-Ape

Sanftmütiger Kryptide im Grasfluss

Viel weniger bekannt als der berühmte nordamerikanische Affenmensch „Bigfoot" („Großfuß") ist der „Skunk Ape" („Skunk-Affe" oder „Stinktier-Affe"), der nach örtlichen Legenden in der schier endlosen Sumpflandschaft der Everglades in Südflorida (USA) leben soll. Seinen unsympathisch klingenden Namen verdankt dieses angeblich affenartige Wesen seinem starken Körpergeruch, der für ein dichtbehaartes Geschöpf, das meistens im Sumpf leben soll, kein Wunder wäre.

Der Lebensraum des „Stinktier-Affen", also die erwähnten Everglades, ist ein tropisches Marschland, das auch Grasfluss genannt wird. Dieser bis zu 60 Kilometer breite Fluss ist auf den ersten Blick nicht als solcher zu erkennen, weil er nur selten als offene Wasserfläche zutage tritt, oft nur wenige Zentimeter tief und fast ganz von Riedgras und teilweise mit immergrünen Laubbäumen bewachsen ist. In den Everglades existieren die einzigen wildlebenden Flamingos der USA, Ibisse, Kormorane, Störche, Waschbären, Schwarzbären, Alligatoren, Pumas und viele andere Tierarten. In diese Wildnis hatten sich einst entlaufene schwarze Sklaven und Indianer vom Volk der Seminolen vor den Weißen zurückgezogen.

Die ersten Sichtungen des „Stinktier-Affen" erfolgten bereits in der Kolonialzeit, als die Weißen immer mehr die Indianer verdrängten. Öfter gesehen wurde dieser Affenmensch erst in den 1920-er und 1930-er Jahren, als Teile der Everglades abgeholzt wurden. In den folgenden Jahrzehnten geriet dieser

*Indianer vom Volk der Seminolen
zogen sich zeitweise vor den Weißen in die Everglades zurück*

*Zur Tierwelt der Everglades in Florida
gehört auch der Puma*

Kryptide in Vergessenheit. Während der 1960-er und 1970-er Jahre häuften sich die Sichtungen wieder.

Schauplätze der Sichtungen waren außer der Sumpflandschaft der Everglades auch Mülldeponien, Hühnerhöfe und Kaninchenställe am Rand menschlicher Siedlungen in Südflorida. Deswegen vermuten manche Forscher, der „Stinktier-Affe" sei durch das Vordringen der Zivilisation aus seinem natürlichen Lebensraum vertrieben worden. Der größte Teil der Wissenschaftler glaubte allerdings überhaupt nicht an die Existenz dieses übelriechenden Affenmenschen.

Zu den Skeptikern gehörte auch der Ingenieur und Hobby-Archäologe H. C. („Buz") Osborn, der angeblich in einer Februarnacht 1970 durch die Sichtung des „Stinktier-Affen" eines Besseren belehrt wurde. Osborn hat damals zusammen mit Freunden in Südflorida einen prähistorischen indianischen Grabhügel untersucht. Zum Schlafen legten sie sich in einem Zelt unweit des Grabhügels. Gegen drei Uhr morgens wachten die vier Männer plötzlich auf. Vor ihrem Zelt stand ein etwa 2,50 Meter großes menschenähnliches Lebewesen, das hell behaart war und entsetzlich roch. Dieses Geschöpf verhielt sich friedlich und verschwand bald im Schutz der Dunkelheit. Am Morgen entdeckten die vier Männer fünfzehige Fuß-abdrücke mit erstaunlichen Maßen. Sie waren etwa 44 Zentimeter lang und rund 27 Zentimeter breit. Demnach wären die Füße des „Stinktier-Affen" merklich breiter als diejenigen des „Bigfoot" und gut an den weichen Boden der Sümpfe angepasst.

Ebenfalls nachts soll eine Sichtung am 9. Januar 1974 in Kalifornien erfolgt sein. Kurz nach Mitternacht fuhr Richard Lee Smith aus Hollywood auf der Staatsstraße 27 ein großes, unbekanntes Tier an. Smith berichtete einem Journalisten der Zeitung „Miami Herald", er habe dieses mysteriöse Geschöpf für „einen Gorilla oder so etwas in der Art" gehalten. Dieses riesige Lebewesen sei vielleicht 2,50 Meter groß, dunkel und menschenähnlich gewesen. Nach dem Zusammenstoß sei die Kreatur davongehumpelt und in den Everglades verschwunden. Von der Polizei wurde bestätigt, dass mit dem Auto von Smith etwas angefahren worden sei. Es sei allerdings dunkel gewesen und der Fahrer habe nicht erkennen können, um was es sich gehandelt habe.

Die Forscherin Ramona Hibner dokumentierte in den 1970er Jahren Dutzende von Sichtungen des „Stinktier-Affen". Nach ihren Erkenntnissen entfernte sich dieser Sumpfbewohner nie allzuweit vom Wasser. Auf seinem Speisezettel stehen offenbar kleinere Tiere und Pflanzen wie Kaktusmark, Seerosenrhizomen und Apfelsinen. Nach eigenen Angaben hat Hibner den „Stinktier-Affen" mehr als einmal mit eigenen Augen gesehen. Einer der von ihr beobachteten Affenmenschen habe „einen nicht unangenehmen, erdigen Geruch" gehabt, berichtete sie.

Einen starken Körpergeruch verströmen, wenn man Augenzeugen glauben darf, nicht nur „Stinktier-Affen", sondern auch andere Affenmenschen wie beispielsweise „Bigfoot", „Yeti", „Alma" oder „Yowie". Sichtungen von „Bigfoot" sind aus fast allen Bundesstaaten der USA bekannt. Der „Yeti" soll im Himalaja beheimatet sein, „Alma" in der Mongolei, im Kaukasus und im Altai, „Yowie" in Australien. „Ein bißchen Seife hätte ihm nicht geschadet", meinte Bertha Hestig, eines von drei Mädchen, die im Januar 1894 in der Dover Silk Mill am Fuß der Dover Mountains in New Jersey beim Blick aus dem Fenster einen „Bigfoot" erblickten. Von einem unangenehmen Geruch oder bestialischen Gestank ist unter anderem bei folgenden „Bigfoot"-Sichtungen die Rede: Mai 1956 bei Marshall (Michigan), Frühjahr 1962 in Fort

Bragg (Kalifornien), 13. August 1965 bei Monroe (Michigan), 27. August 1966 bei Fontana (Kalifornien), 29. August 1970 in Wilsonville (Oregon), Juni/Juli 1971 und Frühjahr 1972 bei Sharpesville (Indiana), Februar 1977 bei Delray Beach (Florida), Mai 1977 bei Eaton (Ohio), 30. August 1977 Anne Arundel County (Maryland), Herbst 1977 Little Eagle (South Dakota), 21. August 1978 in Paris Township (Ohio), Mai 1981 bei Ruddock (Louisiana), September 1985 North Annville (Pennsylvania), 1987 Coshocton (Ohio). Teilweise spricht man sogar von Verwesungsgeruch.

Gestank lag auch in der Luft, als der bekannte Südtiroler Bergsteiger Reinhold Messner am 19. Juli 1986 auf dem Weg von Qamdo nach Nachu im Osten von Tibet – nach eigenen Angaben – in einer Nacht gleich zwei Mal dem legendären Schneemenschen „Yeti" begegnete. Ebenfalls übel roch der Affenmensch „Alma", den vier Wächter am 21. September 1989 in einer Apfelplantage im Süden der Region Saratow an der unteren Wolga südöstlich von Moskau überwältigten. Diesen „Wildmensch" hielten sie etwa drei Stunden lang im Kofferraum eines Autos gefangen, bevor er türmen konnte und einen fauligen Gestank hinterließ.

Über Begegnungen mit dem australischen Affenmenschen „Yowie" heißt es, gar nicht selten sei dabei ein starker Geruch von Kot und Urin wahrzunehmen. Zu erklären versucht man dies damit, dass jenes Geschöpf stark behaart sei und oft etwas Kot oder Urin an seinen Haaren haften bleibe.

Wenn man bedenkt, wie häufig bei Sichtungen von Affenmenschen in aller Welt wegen eines starken Gestanks menschliche Nasen gerümpft wurden, drängt sich der Verdacht auf, der Name „Skunk Ape" („Stinktier-Affe") sei für den Kryptiden aus den Everglades in Südflorida keine besonders glückliche Wortwahl.

In der deutschsprachigen „Wikipeda“ wurde im Frühjahr 2013 nur Florida als Heimat des „Skunk Ape“ erwähnt. Im Gegensatz dazu rechnet man in der englischsprachigen „Wikipedia“ außer Florida auch North Carolina und Arkansas zum Verbreitungsgebiet des „Stinktier-Affen“.

Im Herbst 2000 besuchte angeblich ein affenähnliches Tier mehrfach zu nächtlicher Stunde den Hinterhof eines älteren Ehepaares in Saratosa County (Florida) unweit des Flusses Myakka River und des „Myakka State Park“. Die Eheleute wussten nicht genau, worum es sich bei diesem merkwürdigen Lebewesen handelte. Der Ehemann glaubte, dieses Geschöpf sähe aus wie ein Orang-Utan. In zwei Nächten stahl der vermeintliche Menschenaffe auf der Veranda aufbewahrte Äpfel, welche die Tochter des Paares ihren Eltern mitgebracht hatte. In der dritten Nacht hörte die Ehefrau einen tiefen Laut, der wie „woomp“ klang. Daraufhin schnappte sie ihren Fotoapparat und rannte nach draußen. Als die Frau zum ersten Mal auf den Auslöser der Kamera drückte, sah sie den nächtlichen Störenfried noch nicht. Aber beim zweiten Mal erhob sich das affenähnliche Tier und verschwand im Wald. Die seltsame Kreatur soll gut 2,10 Meter groß gewesen sein, eine kniende Position eingenommen und furchtbar gestunken haben. Danach erschien der mutmaßliche Menschenaffe noch einmal.

Kurz vor Weihnachten, genauer gesagt am 22. Dezember 2000, schrieb die Ehefrau einen anonymen Brief an das Sheriffbüro des Saratosa County, der dort eine Woche später eintraf und erst nach den Weihnachtsferien beachtet wurde. Die unbekannte Absenderin, die vielleicht den Spott von Mitmenschen befürchtete und deswegen nicht ihre Identität preisgeben wollte, hatte ihrem Brief zwei Fotos des affenähnlichen Tieres beigelegt. In ihrem Schreiben fragte die

*Fressender Orang-Utan in freier Natur
auf Borneo (Indonesien)*

Frau, ob jemand einen Orang-Utan vermissen würde. Sie
machte sich auch Sorgen, auf der nahegelegenen „Interstate
75" könne das affenähnliche Tier eventuell einen
Verkehrsunfall auslösen. Im Sheriffbüro nahm man den Brief
und die beiden Fotos zunächst nicht sehr ernst.
Am 3. Januar 2000 übergab man Kopien des Briefes der
unbekannten Frau und deren Fotos des affenähnlichen Tieres
an den Reptiliengroßhändler David Barkasy, der in Saratosa
das „Silver City Serpentarium" betreibt und sich für unge-
wöhnliche Tiere interessiert. Auf den Kopien der Fotos waren
Stirnfalten, Haare, gelbe Eckzähne, Fingernägel und andere
interessante Details zu erkennen. Barkasy informierte einige
„Bigfoot"-Forscher, darunter den Kryptozoologen Loren
Coleman. Die Polizei legte eine Akte an und untersuchte den
ungewöhnlichen Fall. Barkasy vermutete, nun wichtige
Beweise für die Existenz des Affenmenschen „Skunk Ape"
zu besitzen. Loren Coleman zeigte die Fotos anderen
Kryptozoologen und bald wurden verschiedene Theorien
diskutiert. Es war von einem Hund, einem Mann mit Maske
oder mit einem „Bigfoot"-Kostüm, einem Computertrick,
einem Orang-Utan oder einem echten „Skunk Ape" die Rede.
Je nach Phantasie erblickte jeder auf den Fotos etwas anderes.
Der Biologe Tony Scheuhamme vom „Canadian Wildlife
Service" beispielsweise verglich die Fotos des „Myakka Skunk
Ape" mit der sehr guten Aufnahme eines Orang-Utans von
Denise McQuillen und erkannte etliche Übereinstimmungen
zwischen beiden. Der Kryptozoologe Loren Coleman gehört
zu denen, die das affenähnliche Geschöpf auf den Fotos für
einen echten „Skunk Ape" halten. Er ist fest davon überzeugt,
dass es sich nicht um einen Menschen im Affenkostüm oder
um einen entflohenen Orang-Utan handelte. Coleman fand
heraus, die beiden Fotos seien in einem Labor an der Kreuzung

*Foto des „Skunk Ape" („Stinktier-Affe")
in Saratoga County (Florida) aus dem Jahre 2000*

der Fruitville und Tuttle Road in Saratosa bearbeitet worden. Laut Chester Moore junior sollen diese Aufnahmen in der Nähe des Myakka River entstanden sein. In der Literatur ist deswegen vom „Myakka Ape" oder „Myakka Skunk Ape" die Rede.

Mitte Februar 2001 berichteten Zeitungen und Rundfunksender in Florida über den „Myakka Skunk Ape". Vom Jagdfieber gepackt war der Reptilienhändler David Barkasy. Zusammen mit Freunden unternahm er in den Wäldern östlich der „Interstate 75" mehr als 30 nächtliche Ausflüge, um den legendären Affenmenschen „Skunk Ape" zu entdecken. Als Lockmittel legten sie Äpfel aus, denn solche hatte ein affenähnliches Tier mehrfach auf dem Hinterhof des erwähnten älteren Ehepaares in Saratosa County mitgenommen. Zwischen den Bäumen hatten die Männer zudem Angelschnüre ausgespannt. Einige Nächte lang geschah nichts Ungewöhnliches, als Barkasy und Freunde im Versteck warteten. Nur einmal glaubten die Männer, dass sich etwas zwischen Büschen bewege.

Augenzeugenberichten zufolge ist der „Stinktier-Affe" zwischen 1,50 und drei Meter groß und maximal 600 Kilogramm schwer. Sein Fell wird als dicht und braun beschrieben. Bei den Sichtungen soll er aufrecht gegangen sein. Im Gegensatz zu anderen Affenmenschen besitze er ein sanftmütiges Wesen, heißt es.

Auf der Internetseite „The Florida Skunk Ape" mit der Adresse http://www.floridaskunkape.com stößt man auf die größte Sammlung von Sichtungen des „Stinktier-Affen" in Florida. Die Augenzeugenberichte sind in sieben Zonen eingeteilt: Zone 1 Northwest Florida Counties, Zone 2 North East Florida Counties, Zone 3 Central Florida Counties, Zone 4 West Central Florida Counties, Zone 5 South West Florida Counties,

Zone 6 South East Florida Counties, Zone 7 South Florida Counties, Zone 8 Bigfoot Sightings. Die Augenzeugen machten Angaben über das Datum, die Zeitdauer und den Schauplatz der Sichtung sowie über die Höhe, das Gewicht, die Farbe der Haare und der Augen, die Reaktion, die Aktivitäten und die Gehgeschwindigkeit des „Stinktier-Affen". Die Sichtungen dauerten wenige Sekunden bis etliche Minuten lang.

Mit dem „Stinktier-Affen" befasst sich auch das „Skunk Ape Research Headquarters" in Ochopee (Florida). Betreiber ist Dave Shealey, der fast sein ganzes Leben lang nach diesem Kryptiden gesucht hat. Bei einer Sichtung lief angeblich ein „Stinktier-Affe" vor seinem Van. Dave dachte, seine Augen spielten ihm einen Streich und konnte den penetranten Geruch dieses Geschöpfes aus sage und schreibe fünf Meilen wahrnehmen. Die offizielle Website „SkunkApe.Info" von Shealey ist unter der Adresse http://www.skunkape.info im Internet zu finden. Auf der Startseite wird man gefragt, ob man bereits einen„Skunk Ape" gesehen oder gerochen hat, ob man Leute kennt, die einen solchen gesehen haben und ob man an diesen Mythos glaubt. Im Online-Shop kann man „Skunk Ape"-Erinnerungsstücke (wie Mütze, Hut, Shirt, Sweatshirt, Broschüre, DVD), Alligatorenköpfe, Messer oder Pistolen kaufen. Die Broschüre „Everglades Skunk Ape Research Field Guide" gibt Hinweise für die Suche nach „Skunk Ape". In Nachbarschaft des „Skunk Ape Research Headquarters" liegt der „Trail Lakes Campground" von Shealey. Dort befinden sich Plätze für Campingwagen und Zelte.

Auf wenig Gegenliebe stoßen Augenzeugenberichte über den „Stinktier-Affen" bei der Parkverwaltung des Everglades-Nationalparks. Dort betrachtet man den „Stinktier-Affen" nur als eine menschliche Erfindung. Wenn der „Skunk Ape" tatsächlich existieren würde, wäre dieser in absehbarer Zeit vom Aussterben bedroht, weil sein Lebensraum, nämlich die Everglades in Südflorida, immer mehr zusammenschrumpft.

Die Legende um den „Stinktier-Affen" lässt zumindest Kryptozoologen, Buchautoren und Filmleute nicht ruhen. Im Internet sind oft die erwähnten Farbfotos zu sehen, die angeblich 2000 im Saratosa County in Florida entstanden sind. Eines dieser beiden Bilder wurde auch im Online-Lexikon „Wikipedia" veröffentlicht. Es zeigt ein vollständig behaartes Geschöpf mit leuchtenden Augen hinter den Blättern einer Pflanze.

Mit dem „Stinktier-Affen" befasst sich neben anderen Kryptiden das Kapitel „Verborgene Geschöpfe" des Buches „Geheimnisse des Unbekannten. Unbekannte Welten" (1999) von Ulla Dornberg. Darin werden angebliche Sichtungen geschildert.

Eine wichtige Rolle spielt der „Skunk Ape" im Horror-Roman „Shade of the Tree" (1986) des Bestsellerautors Piers Anthony, der unter dem Titel „Schatten des Baumes" (2012) in deutscher Sprache erschien. Hauptperson darin ist Joshua Pinson, dessen Ehefrau in New York City brutal ermordet wurde und der nun allein die beiden gemeinsamen Kinder erzieht. Von seinem etwas wunderlichen Onkel Elijah erbt Joshua dessen abgelegenes Anwesen inmitten der Wälder von Florida. Weil ihn in New York City zu viele traurige Erinnerungen schmerzen, entschließt sich Joshua dazu, mit seinen Kindern noch einmal ganz von vorn anzufangen und zieht in das sonnige Kalifornien. Aber kaum haben Joshua und seine zwei Kinder das einsame Haus bezogen, nehmen seltsame Ereignisse ihren Lauf. Es spukt und die Ereignisse spitzen sich zu.

Der „Stinktier-Affe" steht auch im Mittelpunkt des Films „Skunk Ape" (2003). Dieser Streifen behandelt die Frage, was passieren könnte, wenn ein Haufen „Punk kids" ihre Musik zu laut in den Everglades spielt und damit einen Affenmenschen völlig nervt. Die Antwort ist ein blutiger Pfad der Rache durch die Straßen von Chicago. Das Drehbuch schrieben Greg Brookens und Matt Brookens, die auch Regie führten.

Venezianischer Kaufmann
Marco Polo (1254–1324)

38

Entdeckungen von Affenmenschen

Viertes Jahrhundert vor Christus: Der chinesische Staatsmann und Dichter Qu Yuan (340–278 v. Chr.) des Staates Chu erwähnt in seinen Versen gewisse Menschenfresser, die im Gebirge leben. Sein Haus befand sich südlich des Berg- und Waldgebietes Shennongjia in der Provinz Hubei, das als Heimat des Affenmenschen „Yeren" diskutiert wird.

Um 1000 nach Christus: In Tibet erwähnt der Yogi Milarepa, der als Einsiedler im Himalaja lebt, in seinen Gesängen einen Affenmenschen, bei dem es sich um den „Yeti" handeln soll.

13. Jahrhundert: Der venezianische Kaufmann Marco Polo (1254–1324), der Zentralasien und China bereist und 1292 Sumatra besucht, erwähnt zum ersten Mal den Affenmenschen „Sumatra Yeti".

1420-er Jahre: Der aus Bayern stammende Soldat Johannes Schiltberger (1381–um 1427) erfährt in der Mongolei von einem Wesen, das keinem der bis dahin bekannten menschenartigen Affen gleicht und den mongolischen Namen „Alma" trägt.

1595: Der englische Seefahrer Sir Walter Raleigh (1552–1618), der Raub- und Entdeckungsfahrten in die mittelamerikanischen Gewässer veranlasst, hört von bösen affenartigen Wesen, die Frauen verschleppen und Männer angreifen.

1790: In Australien beobachtet erstmals ein Weißer den Affenmenschen „Yowie". Bereits zur Zeit der Besiedlung Australiens durch die ersten Weißen kursierten Geschichten

40

über einen 1,80 bis 2,70 Meter großen Affenmenschen, der angeblich in den Wäldern des „Fünften Kontinents" haust.

1800: Der deutsche Naturforscher Alexander von Humboldt (1769–1859) wird in Lateinamerika von Indianern vor affenartigen, Frauen raubenden und Menschenfleisch essenden Kreaturen namens „Vasitri" oder „Big Devil" gewarnt.

1811: Der Forschungsreisende David Thompson (1770–1857) sichtet als erster Weißer ungewöhnlich große, menschliche Fußspuren des Affenmenschen „Sasquatch" in Nähe der heutigen kanadischen Stadt Jasper.

1869: Ein Regierungsbeamter von British-Guyana und einheimische Begleiter begegnen im Wald einer mysteriösen Kreatur und hören zwei oder drei Mal ein lautes, langes Pfeifen.

1917: Der Affenmensch „Orang Pendek" aus Sumatra wird in einem niederländischen Wissenschaftsjournal erwähnt. Der Farmer und Zoologe Edward Jacobson (1870–1944), der als einer der ersten Forscher die Vulkaninsel Krakatau nach dem verheerenden Ausbruch von 1893 aufsuchte, hatte Indizien für die Existenz eines Affenmenschen auf Sumatra zusammengetragen.

1920: Die Expedition des Schweizer Geologen François de Loys (1892–1935) begegnet am Ufer des Tarra-River in den wenig erforschten Bergdschungeln der Sierra de Perijáa an der kolumbisch-venezolanischen Grenze zwei großen, haarigen und schwanzlosen Affen, die menschenähnlicher als alle bis dahin bekannten südamerikanischen Primaten waren. Dieses südamerikanische Gegenstück zum nordamerikanischen Affenmenschen „Bigfoot" wird als „De-Loys-Affe" bezeichnet.

1923: Der niederländische Siedler J. van Herwaarden sichtet während einer Wildschweinjagd auf Sumatra den auf einem Baum sitzenden Affenmenschen „Orang Pendek".

Der Journalist Andrew Genzoli (1914–1984)
hat 1958 in der Lokalzeitung „Humboldt Times"
als Erster den Begriff „Bigfoot" verwendet.
Auf obigem Foto ist Genzoli (links) zusammen
mit dem Bulldozer-Fahrer Jerry Crew (rechts)
und dem Abguss eines imposanten Fußabdrucks
von Bluff Creek zu sehen.

1928: Forschungsteams sammeln in Sibirien Informationen über den Affenmenschen „Chuchunaa".

1920-er und 1930-er Jahre: Der Affenmensch „Skunk Ape" („Stinktier-Affe") wird oft erblickt, als man Teile der Everglades in Südflorida (USA) abholzt.

1947: Einer Kolonne von 20 Franzosen und Einheimischen glückt in einem Urwald in Indochina (heute Vietnam) die erste Sichtung des Affenmenschen „Nguoi Rung".

1958: Der Name „Bigfoot" taucht erstmals in den amerikanischen Medien auf, nachdem der Arbeiter Jerry Crew auf einer Baustelle ungewöhnlich große Fußspuren entdeckt hat.

1960-er und 1970-er Jahre: Während des Vietnamkrieges wird der Affenmensch „Nguoi Rung" erstmals von Weißen gesichtet.

1960-er Jahre: Auf amerikanischen Jahrmärkten wird der als „Minnesota Iceman" bezeichnete Körper eines menschenartigen Wesens gezeigt, der in einen Eisblock eingefroren ist. Angeblich soll er aus Vietnam stammen.

20. Oktober 1967: Roger Patterson und Bob Gimlin filmen in der Nähe von Bluff Creek (Kalifornien) eine aufrecht gehende, affenähnliche Kreatur, deren Größe auf 2 bis 2,40 Meter geschätzt wird. Dieser umstrittene Film gilt als bekanntester Beweis für die Existenz von „Bigfoot".

Sommer 1989: Die englische Journalistin Debbie Martyr hört bei Reisen im Kerinci-Seblat-Nationalpark vom Affenmenschen „Orang Pendek" und kann im September eine Fährte betrachten. Seitdem sammelt sie Berichte von Augenzeugen und sucht in den Bergen Sumatras dieses scheue Geschöpf.

Autor Ernst Probst

Der Autor

Ernst Probst, geboren am 20. Januar 1946 in Neunburg vorm Wald im bayerischen Regierungsbezirk Oberpfalz, ist Journalist und Buchautor. Er arbeitete von 1968 bis 1971 als Redakteur bei den „Nürnberger Nachrichten", von 1971 bis 1973 in der Zentralredaktion des „Ring Nordbayerischer Tageszeitungen" in Bayreuth und von 1973 bis 2001 bei der „Allgemeinen Zeitung", Mainz. Von 2001 bis 2006 war er zunächst als Buchverleger und später auch weltweit als Fossilien- und Antiquitätenhändler aktiv In seiner Freizeit schrieb Ernst Probst vor allem populärwissenschaftliche Artikel für die „Frankfurter Allgemeine Zeitung", „Süddeutsche Zeitung", „Die Welt", „Frankfurter Rundschau", „Neue Zürcher Zeitung", „Tages-Anzeiger", Zürich, „Salzburger Nachrichten", „Oberösterreichische Nachrichten", Linz, „Die Zeit", „Rheinischer Merkur", „Deutsches Allgemeines Sonntagsblatt", „bild der wissenschaft", „kosmos", „Deutsche Presse-Agentur" (dpa), „Associated Press" (AP) und den „Deutschen Forschungsdienst" (df). Aus der Feder von Ernst Probst stammen zahlreiche Beiträge der Buchreihe „Geschichten, die die Forschung schreibt" sowie die Bücher „Deutschland in der Urzeit" (1986), „Deutschland in der Steinzeit" (1991), „Rekorde der Urzeit" (1992), „Dinosaurier in Deutschland" (1993 zusammen mit Raymund Windolf) und „Deutschland in der Bronzezeit" (1996). Von 1986 bis heute veröffentlichte Probst rund 300 Bücher, Taschenbücher, Broschüren und E-Books.

Literatur

Vorwort
HEUVELMANS, Bernard: On The Track of Unknown
Animals, London 1963
KRYPTOZOOLOGIE http://wikipedia.org/wiki/Kryptid
PROBST, Ernst: Affenmenschen. Von Bigfoot bis zum Yeti,
München 2013

Skunk Ape
BBC: Ape tape divides experts,
http://news.bbc.com.uk 21. Juli 2000
BBC: The abominable swampman,
http://news.bbc.com.uk 6. März 1998
COLEMAN, Loren / CLARK, Jerome: Cryptozoology
A to Z: The Encyclopedia of Loch Monsters, Sasquatch,
Chupacabras, and Ohther Authenthics Mystreies of
Nature, Sutton Valence 1999
DORNBERG, Ulla: Geheimnisse des Unbekannten.
Unbekannte Welten, Köln / Eltville am Rhein 1993
HERNÁNDEZ, Arelis R.: The Swamps Are Alive With
the Legend of the Skunk Ape, New York Timnes, New
York, 7. Januar 2007
SANDERSON, Ivan T.: Abominable Snowmen, Legend
Comes to Life: Bigfoot, Sasquatch, Oh-Mah, Grassman and
Skunk Ape: The Story of Sub-Humans on Five Continents
from the Early Ice Age Until Today Illustrated,
Createspace 2008
SKUNK APE Wikipedia http://de.wikipedia.de/wiki/
Shunk_Ape
SKUNKAPE.INFO http://www.skunkape.info

Bildquellen

public domain in the United States because it is a work
prepared by an officer or employee oft the United States
Government as part of that person's official duties under the
terms of Title 17, Chapter 1, Section 105 of the US Code)
Neil / http://neilsrtw.blogspot.com / CC-BY3.0: 30
(via Wikimedia Commons), lizensiert unter
CreativeCommons-Lizenz by-sa-3.0,
http://creative-commons.org/licenses/by/3.0/legalcode
David Barkasy und Loren Coleman /
http://www.lorencoleman.com/images/MAPhotosm.jpg /
CC-BY-SA3.0: 32 (via Wikimedia Commons), lizensiert
unter CreativeCommons-Lizenz by-sa-3.0-en,
http://creativecommons.org/licenses/by-sa/3.0/de/legalcode

Entdeckungen von Affenmenschen
Reproduktion eines Porträts eines unbekannten Künstlers
aus dem 16. Jahrhundert: 38
Reproduktion eines Fotos eines unbekannten Fotografen
vor 1917: 40
Reproduktion eines Fotos aus „Humboldt Times", Eureka,
von 1958: 42

Der Autor
Klaus Benz, Fotograf Mainz-Laubenheim: 44

Bücher von Ernst Probst

Als Mainz noch nicht am Rhein lag
Archaeopteryx. Die Urvögel aus Bayern
Das Moustérien. Die große Zeit der Neanderthaler
Das Rätsel der Großsteingräber. Die nordwestdeutsche
Trichterbecher-Kultur
Der Höhlenbär
Der Rhein-Elefant. Das „Schreckenstier" von Eppelsheim
Der Ur-Rhein. Rheinhessen vor zehn Millionen Jahren
Deutschland im Eiszeitalter
Deutschland in der Frühbronzezeit
Deutschland in der Mittelbronzezeit
Deutschland in der Spätbronzezeit
Die nordische Bronzezeit in Deutschland
Dinosaurier in Deutschland
Dinosaurier von A bis K. Von Abelisaurus
bis Kritosaurus
Dinosaurier von L bis Z. Von Labocania
bis Zupaysaurus
Höhlenlöwen. Raubkatzen im Eiszeitalter
Johann Jakob Kaup. Der große Naturforscher
aus Darmstadt
Krallentiere am Ur-Rhein. Die Entdeckungsgeschichte
von Chalicotherium goldfussi
Menschenaffen am Ur-Rhein. Paidopithex,
Rhenopithecus und Dryopithecus
Monstern auf der Spur. Wie die Sagen über Drachen,
Riesen und Einhörner entstanden
Nessie. Das Monsterbuch

Rekorde der Urmenschen. Erfindungen, Kunst
und Religion
Rekorde der Urzeit. Landschaften, Pflanzen und Tiere
Säbelzahnkatzen. Von Machairodus bis zu Smilodon

Bestellungen bei: http://www.grin.com